Liam Hopewell

Die Agfa und die Photochemie - eine Risikoinvestition?

Vom Einstieg bis in die 1920er Jahre

GRIN Verlag

Bibliografische Information der Deutschen Nationalbibliothek:

Die Deutsche Bibliothek verzeichnet diese Publikation in der Deutschen Nationalbibliografie; detaillierte bibliografische Daten sind im Internet über http://dnb.d-nb.de/ abrufbar.

Impressum:

Druck und Bindung: Books on Demand GmbH, Norderstedt Germany
ISBN: 978-3-640-44273-7

Dieses Buch bei GRIN:

http://www.grin.com/de/e-book/135315/die-agfa-und-die-photochemie-eine-risiko-investition

LIAM HOPEWELL

Die Agfa und die Photochemie – eine Risikoinvestition?

Der Einstieg der Agfa in die Photochemie und ihre anfänglichen Probleme der Massenproduktion photochemischer Produkte

Technik-
Geschichte
Neuzeit

Einleitung

Der Name „Agfa" steht heute für Kameras, Fotopapiere und natürlich Filme. Und auch wenn diese seit wenigen Jahren nicht mehr produziert werden, wird sich ein jeder an die Agfa wegen dieser Produkte erinnern können – nicht zuletzt weil viele der entwickelten Fotos in den privaten Fotoalben auf der Rückseite den markanten Schriftzug der Berliner **A**ktien-**G**esellschaft **f**ür **A**nilinfabrikation, kurz Agfa, tragen.

Die Frage die sich in diesem Beitrag aber nun stellt ist: wie konnte sich ein Unternehmen, welches sich mit der Herstellung von Anilin-Farbstoffen beschäftigte, an die Produktion photochemischer Produkte wagen? War es nicht äußert riskant in einen Markt zu investieren, wo mehrere andere Unternehmen bereits seit einem Jahrzehnt in gewissen Mengen photochemische ‚Massenprodukte' auf den Markt brachten und bereits über das nötige Know-How verfügten? Fotografien waren zudem ein Luxusprodukt und der Absatzmarkt dementsprechend klein und hart umkämpft.

Fakt ist, dass die Agfa damals diesen Schritt unternahm – ungeachtet des fehlenden Know-Hows.

Diese Untersuchung möchte daher klären wie es zu diesem Einstieg kam und wie es den Chemikern und Ingenieuren der

Agfa gelang, photochemische Produkte zu entwickeln und auf dem hart umkämpften Markt zu bestehen. Sie möchte so vor allem die Schwierigkeiten aufzeigen, die es zu meistern galt und sich zum Schluss der Frage stellen, ob es nicht doch ein zu riskanter Einstieg in eine neue chemische Branche war.

Der betrachtete Zeitraum wird sich auf die Jahre zwischen dem Einstieg der Agfa in die Photochemie (1889) und den ersten Jahren nach dem 1. Weltkrieg beschränken. Zusätzlich hierzu wird diese Arbeit nicht darum herum kommen, die Geschichte der Photochemie in einem kurzen Überblick zu behandeln, um so die Unternehmungen der Agfa richtig einordnen zu können und um eine Verständnis-Grundlage für die späteren Beschreibungen photochemischer Prozesse und Entwicklungen zu liefern. Auch eine kleine Firmenbiografie wird der eigentlichen Untersuchung voran zu stellen sein.

Ein erstes Problem, welches die Bearbeitung dieses Themas mit sich brachte, war die Beschaffung geeigneter Literatur. Schnell stellte sich heraus, dass die aktuelle „Firmenbiografie“ zur Geschichte der Agfa von Günther Kadlubek wenig geeignet war, um Grundlage einer wissenschaftlichen Arbeit zu sein. Weder verfügt diese Biografie über Literatur- und Quellenangaben, die darüber Aufschluss geben könnten, woher der Autor seine Informationen bezieht, noch weist dieses Buch ein wissenschaftliches Vorgehen bzw. historisches Verständnis auf. Die Verwendung dieses Buches beschränkt sich dementsprechend auf die Entnahme von Fotografien von Originaldokumenten.

Dieser Aufsatz wird sich daher vorwiegend auf die jährlichen Veröffentlichungen „Aus der Geschichte der Filmfabrik Wolfen“ stützen, welche als Aufbereitung der Geschichte der Agfa anhand der verbliebenen Materialen des Firmenarchivs anzusehen ist.[1] „Verbliebene Materialen“ soll dabei gleichzeitig zum Ausdruck bringen, dass viele Unterlagen, vor allem technische Aufzeichnungen aus den Laboren und Werken, nicht mehr auffindbar sind und jene Beiträge zur Geschichte der Agfa lückenhaft bleiben müssen.[2] Generell besteht dieses Problem der Lückenhaftigkeit der Geschichte

---

[1] Einschränkend muss zu dieser Literatur gesagt werden, dass sie vor 1989 in der DDR entstand und dementsprechend wie z.B. die Auslegung der Kapitalbündelung in der IG Farben, stark in eine kommunistische Sicht getaucht sind, vgl. Löhnert, Peter; Mustroph, Heinz: Von der Trockenplatte zum Schwarz/Weiss Kinefilm, in: Aus der Geschichte der Filmfabrik Wolfen, hrsg. von Betriebsarchiv der VEB Filmfabrik Wolfen, Band 61, Wolfen 1987, S. 12 [im Folgenden zitiert als: Wolfen 61], dies ist für die von dieser Arbeit genutzten Textstellen, die sich zumeist auf technische Beschreibungen und wiedergegebene Jahresberichte des Konzerns stützt, jedoch nicht ausschlaggebend.

[2] Die meisten Dokumente wurden von der sowjetischen Besatzungsmacht nach dem 2. Weltkrieg beschlagnahmt, vgl. Wolfen 61, S. 5 und S. 37f, als auch Wolfen 63, S. 24f.

der Agfa. So ist die Literatur dünn gesät und die Geschichte aus heutiger Sicht lässt sich wohlmöglich nur noch durch Photohandbücher, Werbeblätter und Geschäftsberichte in akribischer Kleinarbeit rekonstruieren.

Die nächstältere Firmenbiografie nach der Kadlubeks von Professor Erich Stenger aus dem Jahr 1939, in Verbindung mit den Berichten „Aus der Geschichte der Filmfabrik Wolfen", ermöglichten aber dennoch eine ausreichende Rekonstruktion der Firmengeschichte, um die oben aufgeworfenen Fragen zufriedenstellend beantworten zu können.

In einem ersten Schritt soll nun die Firmengeschichte der Aktiengesellschaft für Anilinfabrikation grob umrissen dargestellt werden.

Geschichte der Agfa

a. Aktiengesellschaft für Anilin-Fabrikation

Die Aktiengesellschaft für Anilinfabrikation hat, wie ihr Name bereits sagt, erst einmal nichts mit den späteren photochemischen Produkten zu tun. Sie war ein Unternehmen zu Produktion von Anilin-Farbstoffen[3] und ist es auch nach dem Einstieg in die Photochemie immer geblieben.

Das Gründungsjahr ist ein wenig umstritten, da die „eigentliche" Aktiengesellschaft für Anilinfabrikation aus zwei Unternehmen hervorgegangen ist, von dem bereits eines einen ähnlichen Namen, nämlich „Gesellschaft für Anilinfabrikate", trug. [4]

Die „Gesellschaft für Anilinfabrikate" wurde am 6. März 1867 von Dr. Carl Alexander Martius[5] und Dr. Paul Mendelssohn-

---

[3] Farbstoffe basierend auf der organischen Schlüsselsubstanz C6H5NH2, welche u.a. zur Textilfärbung genutzt wurden, vgl. Art: Henglein, Ernst: Lexikon chemische Technik, Weinheim / Basel / u.a. 1988, S. 33 [im Folgenden zitiert als Henglein: Chemische Technik].

[4] Wolfen 61, S. 7

[5] Martius war zuvor Schüler und Assistent jenes Professor Hofmanns gewesen, welche maßgeblich an der Entwicklung der ersten künstlich hergestellten organischen Farbstoffe beteiligt gewesen war. Martius brachte somit ganz besonderes Know-How mit in das Unternehmen, vgl. Wolfen 61, S. 7.

Bartholdy in Berlin gegründet. Das Unternehmen spezialisierte sich dabei auf bestimmte Zwischenprodukte für die Farbenindustrie. So wurden Anilin-Öl und Mirban-Öl, als auch Methylanilin produziert. Später folgten ein erstes pharmazeutisches Produkt, das Chloralhydrat und die Produktion von Salpetersäure. Mit der Zeit rechnete sich jedoch die Produktion von Zwischenprodukten nicht mehr. Viele Unternehmen der Teerfarbenindustrie setzen zunehmend auf eigene Lösungen und produzierten die Zwischenprodukte selbst. Das Unternehmen von Martius und Mendelssohn-Bartholdy musste sich also den neuen wirtschaftlichen Bedingungen anpassen. Die Lösung für das wirtschaftliche Weiterbestehen fand man in einer Fusion. Hierzu verständigte man sich mit der am 11. Dezember 1850 gegründeten „Jordanschen Fabrik". Diese produzierte seit 1863 Anilin-Farbstoffe, dafür aber keine Zwischenprodukte und war, ebenfalls wie die Fabrik von Martius und Mendelssohn-Bartholdy, in Berlin ansässig. Man beschloss analog zu den großen Farbenunternehmen im Rhein/Main Gebiet, ein neues starkes Farbenunternehmen zu schaffen und dafür zu sorgen auch in Zukunft noch konkurrenzfähig zu bleiben. Als Namen des neuen Unternehmens übernahm man in leicht abgewandelter Form die Bezeichnung der

„Gesellschaft für Anilinfabrikate" und nannte das neue Unternehmen „Actien-Gesellschaft für Anilinfabrikation zu Berlin". Der Grund für die Übernahme dieser Bezeichnung lag darin begründet, dass man mit dem neuen Unternehmen ebenfalls auf die breite finanzielle Basis einer Aktiengesellschaft setzen wollte, was bei der Jordanschen Fabrik jedoch nicht gegeben war.[6]

Der Zusammenschluss der beiden Unternehmen erfolgte schließlich am 21. Juli 1873. Die später zum Globalplayer aufsteigende Agfa war gegründet.[7]

Das Unternehmen konzentrierte sich schließlich auf die Produktion von Farbstoffen und Zwischenprodukte und passte sich den Bedürfnissen der Kunden an, indem es auch neue Farbstoffe, wie das Rubin, Anilinblau und das Methylviolett, einführte.[8]

Der richtige Durchbruch gelang der AG jedoch erst mit dem 1878 entwickelten Malchitgrün, welches ein Verkaufsschlager wurde. Jedoch verkaufte das Unternehmen das Patent an die Firma Hoechst. Im Gegenzug erhielt man von Hoechst dafür

---

[6] Wolfen 61, S. 7ff.

[7] Wolfen 61, S. 8.

[8] Wolfen 61, S. 9.

die Patente zur Produktion von Ponceau-Farbstoffen[9], welche, so die Berichte zur Wolfener Geschichte, der entscheidende Schritt auf dem Gebiet der Azofarbstoff-Produktion waren und der Aktiengesellschaft für Anilinfabrikation eine feste Grundlage boten.[10]

Mit steigendem Erfolg wurden weitere Farbstoffe – zunehmend aus eigener Entwicklung durch Patente gesichert – in die Produktpalette mit aufgenommen. Die Steigerung der eigenen erfolgreichen Entwicklungen führten schließlich im Jahre 1882 dazu, dass „das erste Laboratorium größeren Stils“[11] eingerichtet wurde. Der Erfolg und die immer weiter anwachsende Produktpalette führten aber auch dazu, dass es in den Fabriken langsam eng wurde. Wollte man weiter Neuerungen aus dem eigenen Labor produzieren, ohne die Produktpalette zu verkleinern war man gezwungen, die

---

[9] Ponceau-Farbstoffe sind gelbrote bis weinrote Farbstoffe, die zur Wollfärbung genutzt werden. Sie gehören zu den Azofarbstoffen, die auf einer doppelt gebundenen –N=N– Gruppe basieren und besonders zur Faserfärbung geeignet sind, vgl. Art: Azofarbstoffe, in: Brockhaus, Band 2, Wiesbaden 1967, S. 176 und Art: Ponceau Farbstoffe, in: Brockhaus, Band 14, Wiesbaden 1972, S. 801.

[10] Wolfen 61, S. 9f.

[11] Leider gibt es keine Angaben darüber, was unter einem „Laboratorium größeren Stils“ zu verstehen ist. Es wird lediglich noch erwähnt, dass das Labor unter der Leitung eines Dr. Schulz gestellt und eine eigene Patenabteilung angegliedert wurde, vgl. Wolfen 61, S. 10.

Fabrikanlagen zu erweitern. Das Unternehmen beschloss, ein neues Werk außerhalb von Berlin im Bitterfelder Braunkohlerevier in Wolfen zu bauen. Dieses Werk nahm im März 1896 den Betrieb auf und ebnete damit gleichzeitig den Weg für die dort 1909 errichtete Filmfabrik.[12]

Zwischen 1889 und 1894 entschied sich das Unternehmen schließlich dazu, in einen neuen chemischen Markt zu investieren. Die AG stieg in die Produktion photochemischer Produkte ein. Zuerst stellte sie dabei Foto-Entwickler her, wagte dann aber den Schritt und begann mit der Produktion von Trockenplatten und Planfilmen.

Im Jahre 1904 kam es zu einer wegweisenden Veränderung für die Aktiengesellschaft. Sie schloss sich mit den beiden großen Farb-Unternehmen Bayer und BASF zu einer Interessengemeinschaft zusammen. Auch wenn diese Interessegemeinschaft nur ein loser Zweckverbund hinsichtlich ihrer wirtschaftlichen Interessen war, zeigt dieser Zusammenschluss bereits eines ganz deutlich: 1904 war die AG für Anilinfabrikation kein kleiner „Newcomer" mehr,

[12] Wolfen 61, S 10.

sondern akzeptierter Partner von zwei der größten Chemiekonzerne im Deutschen Reich.[13]

Die Zusammenarbeit wurde in den nächsten zwei Jahrzehnten intensiviert. Das Ergebnis war schließlich am 9. Dezember 1925 die Fusion dieser und weiterer Unternehmen zu einem neuen Konzern, der I.G. Farben Aktiengesellschaft. Der für diese Untersuchung interessante Bereich der Photochemie wurde nun unter der Marke „Agfa" in der „Sparte III" gebündelt. Hierzu gehörten nun zusätzlich zu den von der AG für Anilinfarben produzierten Produkten wie Entwickler, Platten und Filme auch das Kamerawerk in München, welches zuvor Teil des Bayer-Konzerns war, sowie alle weiteren photochemischen Produkte der IG Farben Mitglieder.[14] Die Aktiengesellschaft für Anilinfabrikation ging also vollkommen

---

[13] Die Berichte zur Geschichte der Wolfener Filmfabrik geben überdies an, dass die BASF zum damaligen Zeitpunkt sogar die größte chemische Fabrik der Welt war, vgl. Wolfen 61, S. 12f.

[14] Der Zusammenschluss rührte in erster Linie daher, dass der Weltmarktanteil der deutschen Farbenindustrie an Farbstoffen von 85% auf etwa 40% sank und man durch die Allianz der deutschen Chemie-Unternehmen sicherstellen wollte, auch in Zukunft noch eine Rolle auf dem Weltmarkt spielen zu können. Der Photochemische Bereich erhielt ebenfalls eine entsprechende Stabilisierung durch diesen Zusammenschluss, vgl. Löhnert, Peter; Mustroph, Heinz: Die Filmfabrik profiliert sich, in: Aus der Geschichte der Filmfabrik Wolfen, hrsg. von Betriebsarchiv der VEB Filmfabrik Wolfen, Band 63, Wolfen 1989, S. 68 – 71. [Im Folgenden zitiert als: Wolfen 63].

in dem neuen Konzern IG Farben auf. Die Marke Agfa wurde für photochemische und –technische Produkte beibehalten und gestärkt.[15]

Der für diese Untersuchung interessante Zeitraum der Firmengeschichte ist hiermit nun auch aufgezeigt. Die Entwicklungen der IG Farben im Dritten Reich, sowie die Zerschlagung durch die Siegermächte nach dem 2. Weltkrieg als auch der Neuanfang unter der Führung von Bayer können hier leider nicht thematisiert werden, auch wenn sie jeweils für sich gesehen interessante Betätigungsfelder bieten.

b. Dr. Andresen und die Photochemie

Nachdem nun ein grober Überblick über die Firmengeschichte geschaffen wurde und klar geworden ist, dass die Aktiengesellschaft für Anilinfabrikation in erster Linie ein großer Produzent für Farbstoffe war, gilt es nun aufzuzeigen, wie in diesem Unternehmen eine neue Sparte erschlossen werden konnte. Die deutschen Farbstoffe waren 1889 nicht nur weltweit gefragt, sondern die Nachfrage stieg immer weiter an, da sich mehr und mehr Einsatzmöglichkeiten ergaben. Es gab somit keinen Grund für die AG, sich nach neuen Einnahmequellen umzuschauen. Und das

[15] Ebd.

Unternehmen sah in der Tat keinen Grund, etwas zu produzieren, was außerhalb des eigentlichen Geschäftsbereiches lag.[16]

Das es letztlich doch dazu kam, lag daran, dass im Jahr 1889 die Aktiengesellschaft für Anilinfarben die Patente für Fotoentwickler übertragen bekam. Die AG hätte diese Patente auch an andere Firmen weiter verkaufen können, richtete als Folge aber schließlich doch eine photografische Abteilung ein.[17]

Doch woher kamen diese Patente? Im Jahr 1887 stellte das Unternehmen einen Farbstoffchemiker namens Dr. Momme Andresen ein. Dieser beschäftigte sich bereits seit seiner Zeit als Schüler mit der Fotografie und experimentierte seit den 1880er Jahren mit Trockenplatten und Fotoentwicklern. In der Folgezeit entwickelte er selbst einen Fotoentwickler – das Paraphenylendiamin. Etwas später folgte das Eikonogen, welches er schließlich der AG für Anilinfabrikation, seinem neuen Arbeitgeber, anbot. Die AG war aber wenig daran

[16] Erich Stenger untermauert dies in seiner 1939 erschienen Firmenbiografie, indem die Bedenken gegenüber einer photochemischen Produktion anhand älterer Geschäftsberichte aufzeigt, vgl. Stenger, Erich: 100 Jahre Photographie und die Agfa. 1839 – 1939, München 1939, S. 22ff. [Im Folgenden zitiert als: Photographie und die Agfa].

[17] Wolfen 61, S. 14.

interessiert, die von Andresen patentierten Entwickler zu produzieren und zu vermarkten. Erst mit der Übertragung der Patente auf das Unternehmen im Jahre 1889, konnte der Widerstand durchbrochen werden.

Zuerst wurden die Entwickler von der AG produziert, aber nicht vermarktet. Dies übernahm ein ehemaliger Mitarbeiter der AG, welcher in Frankfurt am Main ein photografisches Geschäft besaß und das Recht erhielt den ersten marktfähigen Entwickler von Andresen, das Eikonogen, für drei Jahre zu vertreiben.[18]

Damit war der Anfang gemacht, denn wie gesagt richtete das Unternehmen noch im selben Jahr eine eigene photochemische Abteilung ein, die sich von nun an mit der Weiterentwicklung photochemischer Produkte befasste. Leiter dieser Abteilung wurde Dr. Momme Andresen. Das erste Produkt dieser neuen Einrichtung war das 1891 von Andresen produzierte p-Aminophenol. Dieser Entwickler, welcher als Rodinal nun von der AG selbst vermarktet wurde, bildete schließlich den eigentlichen Grundstein für den Einstieg der Aktiengesellschaft für Anilinfabrikation in die Photochemie. Er war ein voller Erfolg und wurde zum Verkaufsschlager. Die Berichte „Aus der Geschichte der

[18] Wolfen 61, S. 13f. und Photografie und die Agfa, S. 23f.

Filmfabrik Wolfen" bezeichnen das Rodinal als „Durchreißer"[19], das mit seinem Erfolg „die photografische Abteilung erst lebensfähig"[20] gemacht hat.[21]

Die Aktiengesellschaft für Anilinfabrikation ist so fast widerwillig durch die Erfolge der eigenen Entwickler, hergestellt durch Dr. Momme Andresen, in das Photogeschäft eingestiegen. Weitere Patente, vor allem auch von anderen Mitarbeitern sorgten schließlich dafür, dass die AG ein intensives Engagement bzgl. der Photochemie entwickelte und trotz der bereits seit einem Jahrzehnt existierenden und dadurch deutlich im Vorteil befindenden Konkurrenz schließlich auch mit der Produktion von Trockenplatten in diesen neuen Markt einstieg.[22]

Bevor nun aber auf die Produktion der photochemischen Materialen eingegangen werden kann, ist es zwingend notwendig im Folgenden zu erklären, wie sich die Photochemie entwickelt hat und auf welchem technologischen Stand sich dieser neue Bereich der Chemie zum Zeitpunkt des Einstiegs der AG für Anilinfabrikation befand.

---

[19] Wolfen 61, S. 14.

[20] Ebd.

[21] Ebd.

[22] Wolfen 61, S. 16ff, als auch Photographie und Agfa, S. 26ff.

Exkurs: Geschichte der Photochemie bis 1889

Zu dem Zeitpunkt als die Aktiengesellschaft für Anilinfabrikation in den Markt für Photochemie einstieg, feierte die Fotografie gerade ihren fünfzigsten Geburtstag.[23] Doch stellt sich im Rahmen dieser Arbeit nun aber erst einmal die Frage, wie sich die Photografie und mit ihr die Photochemie überhaupt entwickelt hat.

Ein Einstieg der AG in die Photochemie hätte es wohl nie gegeben, wenn nicht am 7. Januar 1839 Francois Arago der Französischen Akademie der Wissenschaften von der Entwicklung des Theatermalers Louis J. Mandé Daguerre berichtet hätte. Daguerre hatte zusammen mit Nicéphore Niépce (welcher zu diesem Zeitpunkt bereits verstorben war) eine Methode entwickelt, um mit Hilfe der „Camera obscura"[24] und speziell behandelten Platten, Bilder der Natur

---

[23] Vgl. Op ten Höfel, Klaus: Die Entwicklung der Photochemie und Phototechnik 1880 bis 1900, in: In unnachahmlicher Treue. Photographie im 19. Jahrhundert, hrsg. von Klaus op ten Höfel, Werner Neite und Ursula Peters, Köln 1979, S. 149. [Aufsätze Klaus Op ten Höfels in diesem Band im Folgenden zitiert als: Photochemie im 19. Jh.].

[24] Bei der Camera obscura handelt es sich vereinfacht ausgedrückt um einen lichtdichten Kasten, der mit einem kleinen Loch und normaler Weise mit einer gegenüber liegenden Mattscheibe

einzig durch die Einwirkung von Licht dauerhaft festzuhalten.[25]

Genauer genommen hatte Daguerre die anfängliche Methode weiterentwickelt, so dass er die ersten beständigen Photografien wie folgt hergestellt hat. Daguerres Methode setze primär auf Kupferplatten mit einer polierten Silberschicht. Diese Platte wurde schließlich Joddämpfen ausgesetzt, die mit dem Silber zu einer Jodsilberschicht reagierten. Das besondere an dieser bedampften Platte war schließlich, dass diese Jodsilberschicht sehr lichtempfindlich war. Daguerre setze diese Platte nun in die Camera obscura ein und belichtete sie für etwa 20 Minuten[26]. Danach wurde die Platte in einem Kasten mit Hilfe von Quecksilberdämpfen entwickelt. Diese Dämpfe reagierten mit der Jodsilberschicht. Genauer reagierten die verschieden stark belichteten Stellen der Platte mit den Dämpfen und hellten sie auf. Um das so entstandene Bild zu fixieren und weitere Reaktion der

---

ausgestattet ist. Auf der Mattscheibe wird nun das durch das Loch einfallende Bild kopfüber und spiegelverkehrt auf der Mattscheibe scharf dargestellt, vgl. Art: Camera obscura, in: Brockhaus, Band 3, Wiesbaden 1967, S. 579. Bei der Fotografie wurde nun an Stelle der Mattscheibe die Fotoplatte angebracht.

[25] Photographie im 19 Jh., S. 17.

[26] Spätere Weiterentwicklungen des Verfahrens, vor allem durch das zusätzliche Bedampfen mit Chlor reduzierten die Belichtungszeit deutlich, vgl. Photographie im 19. Jh., S. 20.

Jodsilberschicht mit dem Licht zu vermeiden, wurde die entwickelte Platte schließlich noch in einer Natronlösung ‚gebadet' und so das restliche Jod abgewaschen.[27] Die fertig entwickelte Platte enthielt schließlich einen unvergänglichen Abdruck, des durch die Camera obscura eingefangenen Bildes. Die Fotografie war geboren.[28]

Das Problem dieser ersten Photografie war, dass das Bild nur als Positiv existierte und somit ein Unikat blieb. Dennoch, der 19. August 1839 gilt als Geburtsstunde der Photografie, denn an jenem Tage gab Daguerre die genaue Technik seiner Erfindung bekannt, welche sich schnell verbreitete.[29]

Etwa zur selben Zeit entwickelte auch der Engländer William Henry Fox Talbot eine Variante der Photografie. Die nach ihm benannte Talbotypie hatte gegenüber der Daguerreotypie den Vorteil, dass die Camera obscura Negative auf der von Talbot genutzten Unterlage (Silbernitrat-haltiges Papier) hervor rief, die sich in beliebig viele Positive (das Negativ wurde mit Hilfe von Wachs durchsichtig gemacht und auf

---

[27] Die Bilder mussten jedoch noch durch eine Glasplatte gesondert beschützt werden, vgl. Photographie im 19. Jh., S. 17.

[28] Das Problem dieser Aufnahmen war, dass sie nur aus einem bestimmten Winkel gut erkennbar waren, vgl. Photographie im 19. Jh., S. 17ff., als auch Photographie und die Agfa, S. 9f.

[29] Photographie und die Agfa, S. 10.

Chlorsilberpapier abgebildet) umwandeln ließ. Talbot versuchte sogar bei der Akademie der Wissenschaften seine Entdeckung der Photografie als die „zuerst entdeckte“ anerkennen zu lassen, da er bereits seit 1835 mit dieser Technik experimentierte, wurde aber auf Grund der teilweise doch noch unvollkommenen Bilder, die im Gegensatz zu den kontraststarken Entwicklungen Daguerres standen, zurückgewiesen. Im Jahr 1840 gelang Talbot jedoch eine deutliche Verbesserung seines Verfahrens, indem er zur Herstellung des Fototrägers, als auch zur Entwicklung seiner Negative eine Gallus-Silbernitratlösung verwendete, die zum einen das Bild lichtempfindlicher machte und zum anderen bei der Entwicklung das Bild noch einmal verstärkte. Dennoch hatte es die Talbotypie verhältnismäßig schwer sich gegen die von der Akademie der Wissenschaften geförderte Daguerreotypie durchzusetzen.[30]

Bereits 1855 waren die beiden Pioniermethoden der Photografie jedoch wieder Geschichte. Ein neues Verfahren eroberte die Welt. Das Kollodium-nassverfahren. Es vereinte die Vorteile beider zuvor geschaffenen Techniken, nämlich

[30] Photographie im 19. Jh., S. 20f., als auch Photographie und die Agfa, S. 11f.

die Möglichkeit eines Negativverfahrens[31] mit sehr hoher Schärfe. Als Trägermaterial wählte man Glasplatten. Diese wurde in einem ersten Schritt mit Kaliumjodid-haltigem Kollodium[32] begossen, bis sich eine gleichmäßige Kollodiumschicht auf der Platte bildete. Diese Schicht fungierte ihrerseits als Trägermaterial für das zur Sensibilisierung benötigte Silbernitrat. Dennoch war dieses Verfahren hinsichtlich seiner praktischen Durchführung kein wirklicher Durchbruch, der zu einer echten Massenfotografie hätte werden können. Das neue Verfahren war umständlich, denn zum Fotografieren musste die Platte direkt vor dem Fotografieren zubereitet, sofort benutzt und auch umgehend entwickelt werden. Der Fotograf war daher stets auf eine Dunkelkammer angewiesen, die er bei Außenaufnahmen irgendwie mit sich führen musste.[33]

Der entscheidende Schritt gelang 1871 dem britischen Arzt Richard Leach Maddox, dem es gelang, dass Bromsilber als

[31] Die gemachten Aufnahmen konnten sogar direkt als Positiv verwendet werden, indem man die Platte nach kurzer Belichtung hinten mit schwarzen Samt abdeckte, vgl. Photographie im 19. Jh., S. 84.

[32] Bei Kollodium handelt es sich um eine Lösung aus Dinitrocellulose und einem Gemisch aus Alkohol und Äther, vgl. Art: Kollodium, in: Brockhaus, Band 6, Wiesbaden 1955, S. 485.

[33] Photographie im 19. Jh., S. 83ff., als auch Photographie und die Agfa, S. 13f.

den zur Sensibilisierung benötigten Bestandteil der Fotoplatte in eine Gelatineschicht einzubetten und so eine dauerhaft haltbare Emulsion[34] herzustellen. Dauerhaft haltbar bedeutete dabei, dass die Schicht nach der Anfertigung aushärtete und gelagert werden konnte, ein sofortiger Einsatz, wie bei dem Kollodium-Nassverfahren war also nicht mehr nötig. Das einzig unbefriedigende an dieser neuen Technik blieb bis 1873, dass bestimmte Farben in falschen Grautönen wiedergegeben wurden und von den Fotografen per Negativretusche so gut es ging korrigiert werden mussten. Die Verbesserung gelangt 1873 Hermann Wilhelm Vogel, Berliner Professor für Photochemie, dadurch, dass er die trockenen Platten mit bestimmten Anilin-Farbstoffen behandelte und so Empfindlichkeiten für Grün und Gelb erreichte. Diese zusätzlichen Schichten bezeichnet man als orthochromatische Schichten. Später folgten noch alle Spektren umfassende panchromatische Platten, die auch Infrarot-Aufnahmen zuließen.[35]

Interessanter Weise dauerte es noch fast zehn Jahre bis Firmen damit begannen diese analog zum Nassverfahren, als

---

[34] Feinste Verteilung einer Flüssigkeit in einer Zweiten, vgl. Art: Henglein: Chemische Technik, S. 148.

[35] Photographie im 19. Jh., S. 149f., als auch Photographie und die Agfa, S. 15f.

Trockenplatten bezeichnete Fotoplatten als Massenprodukt herzustellen. Bis dahin musste sich der Fotograf auch weiterhin in seiner Dunkelkammer die Platten mit viel Geschick selber beschichten. Die erste Fabrik zur Herstellung von Trockenplatten war 1878 die Dry Plate Company in England[36] – im Deutschen Reich gründete 1879 Johann Sachs die erste Plattenfabrik. Es folgten schließlich weitere Unternehmen – bis 1890 waren es bereits 14 Fabriken die im Deutschen Reich Trockenplatten produzierten – und somit ebnete sich mit der Massenproduktion der haltbaren und relativ einfach anwendbaren Trockenplatte auch der Weg für den Amateurfotografen. Ein neuer Markt war erschlossen und die Fotografie schaffte endlich den Durchbruch.[37]

---

[36] Vgl. Wolfen 61, S. 15.
[37] Photographie im 19. Jh., S. 150.

Die Agfa und die Photochemie

a. Erste Produkte und Produktionsversuche

Nach dieser Darstellung der Geschichte der Photochemie ist nun auch der Einstieg der Aktiengesellschaft für Anilinfabrikation in diesen Markt nachvollziehbar. Ein neuer Markt entstand und durch die fast aufgedrängten Patente für Fotoentwickler war die AG ohne eigene Anstrengungen in den Besitz eines Produktes gelangt, welches dieser Markt benötigte. Die Produktion eines Entwicklers aus Chemikalien, die ohnehin bereits zum Großteil zur Herstellung der bisherigen Produkte vorhanden war, stellte kein Problem dar und nach den anfänglichen Erfolgen durch den Fernvertrieb des Eikonogen und dem später selbst vertriebenen Verkaufsschlager Rodinal, ließen sich auch die Zweifel an den Erfolgsaussichten ausräumen.[38]

Bei der AG hatte man erkannt, dass das Fotogeschäft doch zur Zeit lukrativ sein könnte und die Produktion photochemischer Produkte aufgenommen, um zumindest solange wie der neue Markt wuchs, eben an diesem die ein oder andere Mark mitverdienen zu können. Das Risiko dabei blieb gering, da wie

[38] Wolfen 61, S. 14.

beschrieben die Rohstoffe zur Verfügung standen und die Produktion jederzeit gestoppt werden konnte. Es war ein Nebenerwerb zum Hauptgeschäft.[39]

Der anhaltende Erfolg des Rodinals, machte wie bereits weiter oben beschrieben, die photografische Abteilung lebensfähig. Sie brachte Geld ein. Im Jahr 1892 machte Dr. Momme Andresen der Geschäftsführung einen weiteren Vorschlag, der nun deutlich geringeren Widerstand zu überbrücken hatte. Er schlug vor: „Bromsilbergelatine-Trockenplatten herzustellen, welche möglichst genau den bereits fabrizierten Entwicklersubstanzen angepasst sein sollten"[40]. Und mit der Zustimmung zu diesem Unternehmen wurde das Geschäft mit den photochemischen Produkten für die AG mehr, als nur ein kurzes Engagement. In der Folge

---

[39] Leider fehlen Aufzeichnungen oder Zeugenberichte, die einen genaueren Aufschluss darüber geben könnten, wieso sich die AG für Anilinfabrikation letztlich doch entschloss, in einen neuen Markt zu investieren und ihr völlig fremde Produkte herzustellen, vgl. Wolfen 61, S. 7f. Stenger, dem diese Unterlagen und Zeugenberichte noch zugänglich waren, gibt an, dass aus den Geschäftsberichten jener Jahre hervor geht, wie schwer es Andresen hatte die Konzernspitze davon zu überzeugen, dass das Fotogeschäft ein gewinnbringendes sei und die Produktion der Entwickler sich lohnen würde, vgl. Photographie und die Agfa, S. 21f.

[40] Stenger führt dies ebenfalls als Zitat auf, gibt aber keine Quelle. Der Kontext lässt aber keinen Zweifel darüber, dass es sich hier um ein Zitat aus dem Schreiben des Dr. Momme Andresen an die Geschäftsleitung handelt, vgl. Photographie und die Agfa, S. 26.

dieser Entscheidung richtete das Unternehmen nun ein eigenes photochemisches Laboratorium ein und Dr. Momme Andresen wurde von seiner eigentlichen Arbeit freigestellt und sollte sich nun ganz um die photochemischen Entwicklungen kümmern. Dies war der eigentliche Einstieg der AG für Anilinfabrikation in den Fotomarkt.[41]

Wie bereits in der Geschichte der Photochemie dargestellt, gab es zu diesem Zeitpunkt bereits 14 Fabriken die zum Teil schon seit über zehn Jahren Trockenplatten produzierten. Einem Einstieg der AG in diesem Markt stellte sich eine Konkurrenz mit einem deutlichen Wissensvorsprung entgegen. Dr. Andresens Idee war daher, die Platten dahingehend zu optimieren, dass sie mit den eigenen Entwicklern möglichst gut zusammenarbeiteten. Die Platten – nicht die Entwickler – sollten ein Zusatzprodukt sein, die die Entwicklung von Fotos noch einmal verbesserten. Ob dieses Konzept alleine ausgereicht hätte, lässt sich leider nicht beantworten, denn einen Monat nach Andresens Antrag zur Produktion, ließ sich ein weiterer Mitarbeiter der AG, Otto Magerstedt, ein Patent auf „lichthoffreie Negativplatten“ ausstellen, ein Prinzip, dass mit Hilfe von Farbstoffen bestimmte Lichtspektren absorbierte und Flecken auf den

[41] Ebd.

Platten vermied. Dr. Momme Andresen wurde schließlich mit der Entwicklung lichthoffreier und den eigenen Entwicklern angepasster Trockenplatten beauftragt. Es dauerte zwei Jahre bis die Produktion endlich lief, da verschiedenste Probleme immer wieder für Verzögerungen sorgten. Im Mai 1894 wurden aber schließlich doch die ersten Platten zur Endkontrolle an das Labor geliefert – die erste Trockenplatte mit der Bezeichnung „Isolarplatte" der AG war marktreif. Im selben Jahr folgten zudem die ebenfalls oben beschriebenen, verbesserten orthochromatischen Platten und erste Planfilme.[42]

Schließlich gelang der Einstieg in den photochemischen Markt und in den Jahren darauf folgte die Produktion innovativer Materialien wie Roll- und Kinefilme.[43]

Der Vertrieb der ersten Trockenplatten begann im August 1894. Und mit der ersten Werbung für Gelatineplatten tauchte nun auch zum ersten Mal die Bezeichnung „A.G.F.A." auf. Prangte bei den ersten Werbeblättern zum Vertrieb der

---

[42] Die erste funktionierende Plattenproduktion produzierte etwa 60m^2 Isolarplatten pro Tag. Mit der Zeit und durch wissenschaftlich gezielte Arbeiten entstanden so immer bessere Platten mit neuen Eigenschaften, vgl. Wolfen 61, S. 15ff, als auch Photographie und die Agfa, S. 26 – 29.

[43] Wolfen 61, S. 22ff.

Fotoentwickler noch der wenig aussagende Schriftzug „Schutzmarke“ im „Logo“ der AG, änderte man dies nun um und trug die Anfangsbuchstaben des Unternehmens dort ein. Es dauerte aber noch einmal drei weitere Jahre bis am 13. Februar 1897 der Schriftzug „Agfa“ als Warenzeichen für photochemische Produkte eingetragen wurde. Dennoch wird damit an dieser Stelle eines deutlich: „Agfa“ war zu jener Zeit keine gebräuchliche Abkürzung des Firmennamens, sondern das eingetragene Warenzeichen für photochemische Produkte der AG für Anilinfabrikation.[44]

b. Das Problem der Massenfertigung

Die Anfänge der Fotografie selbst waren noch geprägt durch Erfinder und Entdecker. Die Herstellung photochemischer Produkte verlief in Eigenregie und war eine Frage von Fingerspitzengefühl. Jedem Bild ging ein hohes Maß an individuellen, rein nach Gefühl durchgeführten Vorbereitungen voraus. Dies galt selbst noch für die Herstellung der Gelatineplatten, die wie dargestellt, anfangs noch selber vom Fotografen hergestellt worden sind.

[44] Vgl. Photographie und die Agfa, S. 20f., als auch im Anhang Abb. 1.

Der Schritt, den die Agfa nun unternahm war also ein riskanter. Ohne jemals mit Trockenplatten gearbeitet zu haben, oder gar über echtes Fachpersonal[45] zu verfügen, ging man daran, eine fabrikmäßige Produktion einzurichten – und stieß natürlich auf eine ganze Reihe Probleme.

Nachdem Andresen im Labor die Entwicklung einer Emulsion für die Platten gelungen war, ging es daran eine kleine Produktionsstätte zur fabrikatorischen Massenfertigung aufzubauen und die ersten Platten zu produzieren. Das erste Problem, dass sich hierbei stellte, waren die aus dem Ausland extra bezogenen Gießmaschinen. Wie Erich Stenger in seiner Biografie berichtet[46] waren die Maschinen noch nicht dazu in der Lage, die Emulsion gleichmäßig und zuverlässig auf den Platten zu verteilen. Erst mehrere Anpassungen führten zum gewünschten Erfolg. Immer wieder kam es aber vor, dass die Begießung trotzdem misslang. An diesem Punkt erkannte die

[45] Man hatte lediglich einen Fotografen mit ins Boot geholt, der, wie Stenger es nennt, über das nötige „Rezept" zur Herstellung einer Gelatine-Emulsion verfügte, vgl. Photographie und die Agfa, S. 27.

[46] Die Berichte „Aus der Geschichte der Filmfabrik Wolfen" weisen eine wörtliche Übernahme aus der Biografie Stengers auf, ein Quellennachweis jedoch fehlt, vgl. Wolfen 61, S. 15 im Vergleich mit Photographie und die Agfa, S. 27. Generell ist festzuhalten, dass die Wolfener Berichte Information aus der Biografie Stengers entnehmen, aber nicht zitieren, während ansonsten alle Angaben genau belegt werden.

AG nun, auf was sie sich eingelassen hatte – die Herstellung von Trockenplatten war etwas völlig anderes als die Herstellung „einfacher" Entwickler. Kurzfristig erwog man sogar, die Produktion wieder einzustellen.[47]

Ein weiteres Problem, dass bei der Herstellung der ersten Platten auftrat und die nächsten Jahre auch anderen photochemischen Produkten, wie den Plan- und Rollfilmen[48], zum Verhängnis werden sollte, war das Problem verschmutzter Luft und verschmutzten Wassers. Stenger berichtet hier, dass man erst lernen musste, dass das Wasser gesäubert und dass auch die Luft durch spezielle Filter gereinigt werden musste. Das Problem verschmutzter Luft und Wassers war, dass die Emulsionen qualitativ schlecht wurden und sich damit ihre Haltbarkeit, welche ja eben gerade sehr wichtig war, stark verringerte. Erst als man diese Probleme erkannt hatte, gelang eine einwandfreie Produktion, die nach vier Jahren zum ersten Mal die Unkosten wieder hereinholte und die Plattenfabrik schwarze Zahlen schreiben ließ.[49]

---

[47] Vgl. Photochemie und die Agfa, S. 27.
[48] Die Produkte zeigten Flecken und bildeten einen grauen Schleier, vgl. Wolfen 61, S. 24f.
[49] Ebd., als auch ergänzend hierzu Wolfen 61, S. 16.

Zumindest vorerst. Mit den Jahren traten immer wieder Probleme auf – vor allem im Sommer. Die Berichte „Aus der Geschichte der Filmfabrik Wolfen" zitieren an dieser Stelle den Jahresbericht 1899 der AG für Anilinfabrikation und verdeutlichen das eigentliche Problem. So wird berichtet, dass die Plattenfabrik im Berliner Stammwerk mit massiver Luftverschmutzung durch die anliegende Industrie zu kämpfen hatte. Doch nicht nur das, auch die Eisenbahn, die direkt an der Fabrik vorbeifuhr „hüllte die Plattenfabrik in dichten Qualm"[50]. Das Ergebnis waren Trockenplatten, die verschiedene Verunreinigungen und graue Schleier aufwiesen. Hinzu kam in den Sommermonaten die Hitze, die verhinderte, dass die Emulsion nach dem Auftragen auf die Trägermaterialien wieder erstarrte. Die Platten konnten so nur zu bestimmten Jahreszeiten, an denen die Belastungen durch Qualm und Hitze am geringsten waren, fehlerfrei produziert werden. Wie der Jahresbericht aber weiter zeigt, schadete dies dem Verkauf der Platten nur geringfügig. Schlechte Platten wurden von vorneherein aussortiert und recycelt, die guten Platten erfreuten sich einer steigenden Abnehmerschaft.[51]

[50] Wolfen 61, S. 16.
[51] Wolfen 61, S. 16f.

Auch später, als die neue Filmfabrik in Wolfen errichtet worden war, wo Luft und Wasser deutlich sauberer waren, litt die Produktion an immer neuen Problemen. In Wolfen wurden keine Platten produziert, sondern in erster Linie der immer mehr nachgefragten Kinefilme, welche für die aufkommenden Kinos und späteren Heimvorführgeräte von großer Bedeutung waren. Während sich hier in den Laboren die Herstellung der Produkte recht übersichtlich gestaltete und man alle Prozesse genau steuern konnte, war dies bei der Massenproduktion nicht möglich – erst recht nicht wenn man mehrere Millionen Meter im Jahr produzierte. Im Jahr 1923 erkannte man einen folgenschweren Fehler bei der Produktion, der im Labor erst gar nicht passieren konnte. Gelagerter Kinefilm einer neuen Produktionsreihe zeigte eine starke Verschleierung und Zersetzung der Emulsion. Es dauerte fast ein halbes Jahr bis man nach etlichen Fehlversuchen den Fehler endlich fand. Der Grund war eine unregelmäßige und unzureichende Austrocknung der Unterlage gewesen. Das Ergebnis dieser Erkenntnis war ein besseres Trocknungsverfahren, dass durch verschiedene Umbauten in der Gießerei realisiert wurde. Das generelle Problem der Trocknung im Sommer blieb jedoch weiterhin bestehen, denn trotz der modernen Trocken- und

Kühlanlagen fiel es an besonders heißen Sommertagen oft schwer die Emulsion zum Erstarren zu bringen.[52]

Es gibt sicher noch eine ganze Reihe weiterer Probleme, die an dieser Stelle erwähnenswert wären, nicht zuletzt der Druck auf Forschung und Produktion im Konkurrenzkampf mit Kodak und anderen Unternehmen, doch müssen diese leider an dieser Stelle übergangen werden. Festzuhalten ist an dieser Stelle jedoch, dass es nicht so leicht war, einfach ein im Labor unter Idealbedingungen hergestelltes Produkt, ohne weiteres in eine Massenproduktion zu überführen. Viele Probleme mussten gelöst werden – gerade zu Beginn, als der Agfa noch das nötige KnowHow im Umgang mit Emulsionen und Gießmaschinen fehlte. Durch systematische Untersuchungen und Forschungen in den Laboren konnte man aber schließlich doch die auftretenden Probleme immer wieder beseitigen und erfolgreich produzieren.

Ein Problem konnte die photochemische Abteilung jedoch nicht lösen: das der Qualität der eingekauften Rohstoffe. Abschließend sei daher an dieser Stelle nun ein Problem bei der Massenfertigung aufgeführt, dass fatale Folgen für die Produktion hatte: der Rollfilm verursachte einen Verlust von über 40000 Mark und sprengte damit die Grenze der

[52] Wolfen 63, S. 30f., als auch S.38f.

Wirtschaftlichkeit. Fast eine ganze Jahresproduktion der Filme war fehlerhaft. Die Filme wiesen zahllose schwarze Flecken auf und es kam zu einer Reklamationswelle. Dabei waren die Filme ganz normal produziert worden. Den Fehler fand man schließlich bei einem verunreinigten Rohstoff, den man von der Sprengstoff-Actien-Gesellschaft in Reinsdorf bezogen hatte: der Kollodiumwolle. Diese war nicht ausreichend gewaschen worden und enthielt große Mengen an Nitriersäure, die schließlich die Filme beschädigt hatte. Die Folge dieser Fehlproduktion war schließlich, dass die Agfa die Produktion der Rollfilme komplett einstellte und erst 11 Jahre später in Wolfen wieder aufnahm. Zukünftig ging man deutlich vorsichtiger mit den Materialien um und ließ sie im Betriebslabor testen.[53]

c. Wolfen

Mit dem steigenden Verständnis für die photochemischen Produkte und ihrer Massenproduktion, wandte sich die Agfa schnell auch neuen Technologien zu. Der Planfilm ersetzte langsam die Trockenplatte und auf Grund der ersten Rollfilmkamera der Eastman-Kodak Company begann man auch hierfür erste möglichst baugleiche Filme zu produzieren.

[53] Wolfen 61, S. 25f.

Zudem startete der Kinefilm seinen Siegeszug. All diese Filmvarianten hatten eines gemeinsam – es galt ein immer besseres Trägermaterial mit einer möglichst empfindlichen Emulsion zu beschichten, um ein Produkt mit immer komplexeren Eigenschaften zu schaffen und für den sich immer stärker entwickelnden Markt bereitzustellen. Der Stummfilm und das aufkommende Kino förderten schließlich die Entscheidung zur Großproduktion von Kinefilmen[54] – vor allen in Form der eigenständig entwickelten schwer entzündlichen Acetylcellulose-Filme. Man hatte den Wert dieser Technologie erkannt, Filme für Kinos und Heimvorführ-Apparaten und natürlich Propaganda-Material der Politik setzen auf diese Filme und es war absehbar, dass der Absatz noch weiter steigen würde, vor allem wenn man im Gegensatz zu den gefährlichen Nitrocellulose-Filmen einen Sicherheitsfilm anbieten konnte. Um diesen Markt schließlich bedienen zu können, war es nötig die Produktionsstätten zu erweitern. Das Problem war nur, dass das Gebiet um die

[54] Kinefilm ist der in der Kinematografie, also in der Kinofilm-Technik, verwendete beidseitig perforierte Film. Er basierte auf der Cellulose-Basis, der von der Agfa auf Acetlycellulose-Basis hergestellt wurde. Die eigentliche Nitro-Cellulose-Basis war sehr gefährlich, da der Film sich in den Vorführgeräten leicht entzünden konnte, vgl. Art: Kinefilm, in: Brockhaus, Band 6, Wiesbaden 1955, S. 324, als auch ergänzend, Wolfen 63, S. 29ff.

existierende Fabrik bereits so stark bebaut war, das eine einfache Erweiterung nicht mehr in Frage kam.[55]

Aus diesem Grund – und weniger, um der Luftverschmutzung in Berlin zu entkommen, wie es zehn Jahre zuvor im Jahresbericht von 1899 der AG gefordert worden war[56] – entschied man sich 1909 für den Bau einer neuen Fabrik außerhalb des stark bebauten Industriegebietes. Die Entscheidung viel ein zweites Mal für das Bitterfelder Braunkohlerevier. Dort bot sich für den Neubau genügend Platz, die Grundstücke waren relativ günstig, die Löhne deutlich niedriger als in Berlin und die Wasser und Energieversorgung war gesichert. Natürlich spielte bei der Wahl des neuen Fabrikgeländes nun auch die Luftverschmutzung eine Rolle und da im Bitterfelder Gelände die Luft sauber war, sprach auch aus produktionstechnischer Sicht nichts gegen diesen Standort. Die Leitung der neuen Fabrik wurde einem chemischen Direktorium, „bestehend aus Dr. Lohöfer, Oberingenieur Prölß und Dr. Blochmann",

[55] In den Berichten „Aus der Geschichte der Filmfabrik Wolfen" ist hierzu zu lesen, dass nicht nur nötige Flächen für eine Fabrikerweiterung fehlten (hierzu hätte man nötigenfalls auch andere Fabriken aufkaufen können), sondern sich die Wasserversorgung, sowie die Entwässerung bereits jetzt als schwierig gestalteten, vgl. Wolfen 61, S. 28ff.

[56] Wolfen 61, S. 16.

übertragen. Ihnen zur Seite standen chemische Assistenten die die Produktion überwachten und sich um die Weiterentwicklung der Produkte in neu gegründeten Laboren kümmerten.[57]

Im Jahr 1910 nahm die Fabrik die Produktion der Kinefilme schließlich auf und konnte nach drei Jahren nicht nur auf eine Produktion von über 20 - 30 Millionen Meter Kinefilm pro Jahr zurückblicken, sondern Ende 1913 auch auf eine störungsfreie Produktion.[58]

Ein Beispiel soll an dieser Stelle verdeutlichen, wie man sich die Massenfertigung von Kinefilmen in den ersten Jahren vorzustellen hat:

In einem ersten Schritt wurden die Rohfilmbahnen gefertigt und getrocknet. Dazu floss eine, aus zuvor in Mischmaschinen hergestellte, zähe Lösung bestehend aus Kollodium, Kampfer und weiteren Lösungsmitteln, direkt aus dem Lagerbehältern in einem dünnen Streifen auf die Gießmaschinen. Die

---

[57] Wolfen 61, S. 35f.

[58] Ganz störungsfrei war die Produktion nicht, da sich unter anderem in dieser Zeit, so ist aus den zitierten Jahresberichten in den Berichten „Aus der Geschichte der Filmfabrik Wolfen" zu entnehmen, dass 1913 das verwendete Wasser durch eine Überschwemmung mit Bakterien verseucht war und die Emulsion sich hierdurch zersetzte. Erst der Zusatz von Desinfektionsmitteln konnte dieses Problem lösen, vgl. Wolfen 61, S. 40.

Maschinen produzierten einen schmalen Lösungsfilm und entlüfteten die Gießmasse gleichzeitig, um sie auszuhärten. Die entstandenen Rohfilmbahnen wurden anschließend auf Trommeln aufgewickelt und weiterverarbeitet. Parallel zu diesem Arbeitsschritt erfolgte die Herstellung der Emulsion in doppelwandigen Kupferkesseln zu je 20 Litern. Die Emulsion wurde erhitzt und schließlich der Begießmaschine zugeführt. Nun wurde mit Hilfe der Begießerei der Rohfilm gleichmäßig mit der Emulsion übergossen und schließlich in der Hängetrocknung[59] getrocknet.[60] In einem letzten Schritt wurde der nun fertige Film geschnitten und verpackt. Erst Jahre später übernahm die Fabrik auch das Perforieren der Filme. Es folgten die Lagerung und der Verkauf.[61]

---

[59] Wie man sich die Hängetrocknung vorzustellen hatte, illustriert Abb. 4 im Anhang. Über Gummiwalzen, später über Kupferwalzwerke wurden die Bahnen durch einen Schacht transportiert und durch warme Luft getrocknet, die später aufgetragene Emulsion durch Kühlkästen zum Erstarren gebracht, vgl. Wolfen 63, S. 34.

[60] Die Berichte „Aus der Geschichte der Filmfabrik Wolfen" nennen hier einen interviewten Zeitzeugen, der entgegen der im Archiv vorhandenen technischen Beschreibungen berichtet, dass die Filmfabrik bereits die Hängetrocknung verwendete und keine, wie in den technischen Beschreibungen dargelegt, Trockengestelle benutzte, vgl. Wolfen 61, S. 36.

[61] Wolfen 61, S. 36f.

Dass diese Produktion nicht immer so reibungslos ablief, wie oben dargestellt, konnte bereits im vorstehenden Kapitel näher erläutert werden. Probleme mit der Trocknung der Bahnen, oder fehlerhafter, verunreinigter Ausgangsstoffe gehörten zum Produktionsrisiko.

Mit der Errichtung der Filmfabrik in Wolfen schloss sich aber schließlich der Einstieg der Aktiengesellschaft für Anilinfabrikation in die Photochemie endgültig ab. Mit der Filmfabrik, welche nach dem ersten Weltkrieg zur größten europäischen Fabrik für Photochemie aufstieg rangierte die Agfa nun weltweit direkt hinter dem Marktführer Kodak.[62]

Auch die Jahresberichte zeigen nun deutlich, wie die Produktion der photochemischen Produkte mehr und mehr den Gesamtgewinn des Unternehmens ausmachten – er stieg bis 1925 auf etwa 50 Prozent.[63]

d. (Nicht nur) Eine Frage der Wissenschaft

Den Aufstieg zu einem der großen Produzenten photochemischer Produkte und damit den gelungenen

[62] Photographie und die Agfa, S. 31.

[63] Vgl. der Jahresberichte 1923 und 1925 der AG für Anilinproduktion, welche im Anhang als Abb. 2 und 3 angefügt wurden und aus dem Band 63 „Aus der Geschichte der Filmfabrik Wolfen“ stammen.

Einstieg in einen neuen Markt verdankte die Agfa vor allem ihren Wissenschaftlern und ihrer Innovationseinstellung. Die Aktiengesellschaft für Anilinfabrikation war bereits von ihren Anfängen als aufstrebende Farbenfabrik daran interessiert gewesen, möglichst durch „zielgerichtete Wissenschaft" erfolgsversprechende Produkte auf den Markt zu bringen. Der Gedanke an ein zielgerichtetes wissenschaftliches Vorgehen klingt dabei bereits bei der Firmengründung durch Dr. Martius an, der eben mit seiner „Gesellschaft für Anilinfabrikate „Zwischenprodukte für die Teerfarbenindustrie auf wissenschaftlicher Basis" herstellen wollte.[64]

Dieses Konzept der Wissenschaftlichkeit und Forschung ist geblieben, indem man immer wieder neue Chemiker und Ingenieure anwarb, die die Produkte der AG verbessern sollten. Dies galt vor allem für die photochemischen Produkte. Am Anfang stand Dr. Momme Andresen, der durch seine private Forschung der Agfa den Weg in den photochemischen Markt wies und nach Ulrich Marsch für den photochemischen Bereich der Agfa auch als Erfinder-

---

[64] Wolfen 61, S. 8f.

Unternehmer bezeichnet werden kann.[65] Es folgten die Einrichtungen einer photochemischen Abteilung und schließlich sogar die eines eigenständigen photochemischen Labors.

Mit den Jahren und dem Ausbau der Filmfabrik Wolfen wurde das Photochemische Labor weiter aufgesplittet.[66] Eine ganze Reihe von neuen Produkten, geschützt durch etliche Patente, war hinzugekommen, so z.B. auch die Herstellung von Platten und Folien für die Röntgen-Technik, die um 1900 an Bedeutung gewann. In dieser Folge entstanden bis 1923 weitere rein wissenschaftliche Labore[67]: zusätzlich zum Photochemischen Labor, ein Röntgen-Labor, in Gelatinelabor

---

[65] Entsprechend dem 5-Stufen-Modell nach Ulrich Marsch, vgl. Marsch, Ulrich: Zwischen Wissenschaft und Wirtschaft. Industrieforschung in Deutschland und Großbritannien 1880 – 1936, Paderborn 2000, S. 91 – 94. [Im Folgenden zitiert als Marsch: Wissenschaft und Wirtschaft].

[66] Das photochemische Labor übernahm später die von Marsch beschriebene Funktion des Zentrallabors, an welches sich hierarchisch Unterlabore angliederten, vgl. Marsch: Wissenschaft und Wirtschaft, S. 92.

[67] Diese Intensivierung der internen Forschung wurde nach U. Marsch vor allem dadurch ermöglicht, dass eine „Besitzkontrolle über das Wissens“ in Form von Patenten möglich war und so die Arbeit bzw. das investierte Geld in die Forschung, absicherten. Es ist hieran sehr schön erkennbar, wie sich auch der photochemische Zweig der Agfa in das Modell von Marsch fügt. Vgl. Marsch: Wissenschaft und Wirtschaft, S. 92f.

und ein Rasterlabor (zur Untersuchung zur farbigen Kinematografie).[68]

Der Erfolg wurde nicht dem Zufall überlassen. Alle Produkte wurden in den Laboren entwickelt, ausgiebig getestet und patentiert, bevor kleine Produktionsreihen eingerichtet wurden, um die Entwicklungen für eine Produktion im großen Stil zu optimieren. Für die praktische Durchführung, die Reklamation und Verbesserung der Produktionsprozesse waren zusätzliche werksinternen Betriebslabore zuständig, zu denen auch das Emulsionslabor gehörte. Eine klare Aufsplittung in Grundlagenforschung und produktionsgebundener Untersuchung war das Ergebnis einer immer stärker werdenden Verwissenschaftlichung im Unternehmen.[69]

Die Agfa war somit, vor allen was den photochemischen Bereich betraf, gut ausgestattet, was wissenschaftliche Labore und eigene Forschungen anbelangte. Jedoch muss auch angemerkt werden, dass der Agfa nichts anderes übrig blieb, als eine derartig intensive Forschung zu betreiben, da die Konkurrenz ebenfalls mit immer neuen Innovationen aufwartete, die es entweder schnellstmöglich selber

[68] Wolfen 63, S. 54f.
[69] Wolfen 63, S. 54.

herzustellen, oder aber mit eigenen Produktionen zu übertrumpfen galt und den Markt mit neuen Innovationen anzuführen.[70]

Zu diesem Zweck warb man auch ausländische Top-Wissenschaftler an, welche zu jener Zeit auf dem entsprechenden Gebieten Forschungen betrieben und möglicherweise bei der Entwicklung neuer Produkte weiterhelfen konnten. Dies geschah zum Beispiel 1911, als es der Agfa darum ging in Wolfen den geplanten Sicherheitsfilm auf Acetylcellulose-Basis herzustellen. Zwei französische Wissenschaftler, Clément und Revière, hatten wichtige Arbeiten zur Acetylierung veröffentlicht und wurden nun von der Agfa angeworben. Zusammen mit den Chemikern der Agfa entwickelten sie schließlich ein verbessertes Verfahren zur Herstellung der Acetylcellulose; dies durch Beigabe von geringen Mengen an Nitrogruppen, so das Acetonitrocellulose entstand. Das Ergebnis war ein verbesserter Sicherheitsfilm der schließlich bei der Kundschaft gut ankam und den stark brandgefährdeten Nitrocellulose-Film mit der Zeit ablöste.[71]

---

[70] Damit dies auch gelang stellte die ‚Literaturabteilung' Agfa ab 1921 den Chemikern wöchentlich ein Heftchen mit der neusten Fachliteratur zusammen und hielt die Wissenschaftler so auf den neusten Stand der Forschung, vgl. Wolfen 63, S. 61.

[71] Wolfen 61, S. 39ff.

Kurzum, ohne die intensive Förderung der Forschung und Innovationsbereitschaft hätte die Agfa sich und ihre Produkte nie soweit entwickeln können. Ohne den Einsatz und die Offenheit zur Forschung wäre der photochemische Einsatz der Agfa nie über die Produktion einfacher Entwickler als „kleines" Zusatzgeschäft hinaus gekommen. Bei der Agfa und vor allem ihrem photochemischen Einsatz zeigt sich also ganz stark, wie sehr das Unternehmen von der Forschung abhängig war und ihr Erfolg ganz klar eine Frage der Wissenschaft war.[72]

Ganz alleine ein Erfolg der Wissenschaft war es letztlich aber doch nicht. Abschließend sei an dieser Stelle nämlich noch kurz erwähnt, wie die wirtschaftlichen Erfolge der AG für Anilinfabrikation aussahen. Das Kerngeschäft war immer die Produktion von Farbstoffen geblieben. Bis 1925 erwirtschaftete die AG hiermit im In- und Ausland immer noch 50% ihres Gewinns und stellte damit eine ganze Zeit lang die finanziellen Mittel für den Ausbau der photochemischen Produktionen zur Verfügung.[73]

---

[72] Der Konkurrenzkampf war schlicht nur durch eine intensive Forschung und Innovationsbereitschaft zu bestehen gewesen, vgl. Wolfen 63, S. 60.

[73] Entsprechend der Geschäftsberichte der AG von 1923 und 1925, vgl. Abb. 2 und 3 im Anhang.

Mit dem Absatz der photochemischen Produkte selbst sah es hingegen etwas anders aus. Bis 1919 lag der Hauptabsatzmarkt nicht im Deutschen Reich, sondern im Ausland, so vor allen in Frankreich und Italien. Die Deutschen importierten wie die meisten anderen Länder mehrere Millionen Meter Film aus den USA – vorzugsweise natürlich vom Weltmarktführer Kodak. Erst mit dem Ende des 1. Weltkrieges konnte die Agfa den heimischen Markt erobern, da ausländische Produkte nicht mehr ins Land gelangten. Erst jetzt begann der eigentliche Siegeszug der Marke Agfa, da sie sich nach dem 1. Weltkrieg sowohl im In- als auch Ausland behaupten konnte und zum Weltmarktführer Kodak weiter aufschloss.[74]

In Deutschland, so die Wolfener Berichte, erlangte die Agfa durch die Nachkriegsereignisse schließlich sogar eine Monopolstellung und erst jetzt ist auch der Einstieg in den photochemischen Bereich als wirklich erfolgreich abgeschlossen anzusehen.[75]

---

[74] Wolfen 61, S. 45f., als auch unterstützend hierzu S. 51f.
[75] Wolfen 63, S. 15f.

Fazit

Der Einstieg der Aktiengesellschaft für Anilinfabrikation zu Berlin in den photochemischen Markt war, so kann man nun nach dieser ausführlichen Darstellung, zurückkommend auf die Eingangsfragen sagen, in der Tat ein Risiko-Unternehmen. Jedoch eines, dass sich am Ende vor allem durch den wissenschaftlichen Einsatz und der innovationsfreudigen Forschungsarbeit ausgezeichnet und bezahlt gemacht hat.

Sah die Agfa den Einstieg durch die Produktion von Fotoentwicklern möglicherweise anfangs nur als kleinen Nebenerwerb an, dem man ohne großes Risiko nachgehen konnte, steigerte sich eben dieses Risiko mit dem steigenden Engagement der AG. Der Beginn der Produktion von Trockenplatten war schließlich der ausschlaggebende Schritt. Wie in dieser Untersuchung dargelegt, erkannte die AG erst jetzt wirklich worauf sie sich eingelassen hatte und musste sich entscheiden, die Produktion phototechnischer Produkte wieder fallen zu lassen oder den beschwerlichen Weg zu gehen, der ihr bevor stand. Man entschied sich für die Investition. Dies nicht zuletzt wegen eines Mannes: Dr. Momme Andresen. Er war die treibende Kraft hinter dem Einstieg der AG in das Photogeschäft und durch die Forschung seiner photochemischen Abteilung legte er den Grundstein für eine neue Sparte der Farbenfabrik.

Verschiedenste Probleme beim Transfer vom Labor in die Massenproduktion behinderten die Arbeiten immer wieder und stellten ein hohes Risiko dar. Die Agfa schaffte es jedoch immer wieder durch systematische Untersuchungen die Probleme in den Griff zu bekommen und erfolgreich photochemische Produkte herzustellen und die Produktion im wirtschaftlich haltbaren Rahmen zu halten.

Mit dem zunehmenden Erfolg intensivierte sich so auch die Forschung im Unternehmen.

Die klare Aufteilung in Labore zur Grundlagenforschung und Betriebslabore zur Verbesserung der bestehenden Produktion war es schlussendlich auch, die den Einstieg der Aktiengesellschaft für Anilinfabrikation in den photochemischen Markt vollendete und absicherte. Dank der intensiven Forschung im Unternehmen und wissenschaftlichen Behandlung von Problemen meisterte der Photo-Neuling nicht nur die ersten Jahre mit all seinen Problemen, sondern schaffte es mit der Zeit auch durch innovative Produkte wie dem Sicherheitsfilm auf dem Markt festen Fuß zu fassen und sich so zu einem der größten Produzenten photochemischer Produkte zu entwickeln.

Somit muss der letzte Satz dieser Untersuchung lauten, dass die Risikoinvestition geglückt war, auch wenn sie für den betrachteten Zeitraum deutlich als solche anzusehen ist, da sie durch die Produktionsprobleme bis in die 20er Jahre des 19. Jahrhunderts eine blieb. Erst der Bau der Filmfabrik in Wolfen und die Beseitigung ihrer ‚Kinderkrankheiten' zogen einen Schlussstrich unter dieses Kapitel. Die Agfa hatte sich im photochemischen Geschäft etabliert.

Literaturempfehlung:

Löhnert, Peter; Mustroph, Heinz: Von der Trockenplatte zum Schwarz/Weiss Kinefilm, in: Aus der Geschichte der Filmfabrik Wolfen, hrsg. von Betriebsarchiv der VEB Filmfabrik Wolfen, Band 61, Wolfen 1987.

Löhnert, Peter; Mustroph, Heinz: Die Filmfabrik profiliert sich, in: Aus der Geschichte der Filmfabrik Wolfen, hrsg. von Betriebsarchiv der VEB Filmfabrik Wolfen, Band 63, Wolfen 1989.

Abbildungsverzeichnis

Abb. 1: Kadlubek, Günther; Hillebrand, Rudolf: Agfa, Geschichte eines deutschen Weltunternehmens von 1867 bis 1997, 3. Aufl., Neuss 2004, S. II.

Abb. 2: Löhnert, Peter; Mustroph, Heinz: Die Filmfabrik profiliert sich, in: Aus der Geschichte der Filmfabrik Wolfen, hrsg. von Betriebsarchiv der VEB Filmfabrik Wolfen, Band 63, Wolfen 1989, S. 85.

Abb. 3: Löhnert, Peter; Mustroph, Heinz: Die Filmfabrik profiliert sich, in: Aus der Geschichte der Filmfabrik Wolfen, hrsg. von Betriebsarchiv der VEB Filmfabrik Wolfen, Band 63, Wolfen 1989, S. 88.

Abb. 4: Löhnert, Peter; Mustroph, Heinz: Die Filmfabrik profiliert sich, in: Aus der Geschichte der Filmfabrik Wolfen, hrsg. von Betriebsarchiv der VEB Filmfabrik Wolfen, Band 63, Wolfen 1989, S. 89.

Abb. 5: Löhnert, Peter; Mustroph, Heinz: Die Filmfabrik profiliert sich, in: Aus der Geschichte der Filmfabrik Wolfen, hrsg. von Betriebsarchiv der VEB Filmfabrik Wolfen, Band 63, Wolfen 1989, S. 34.

Anhang

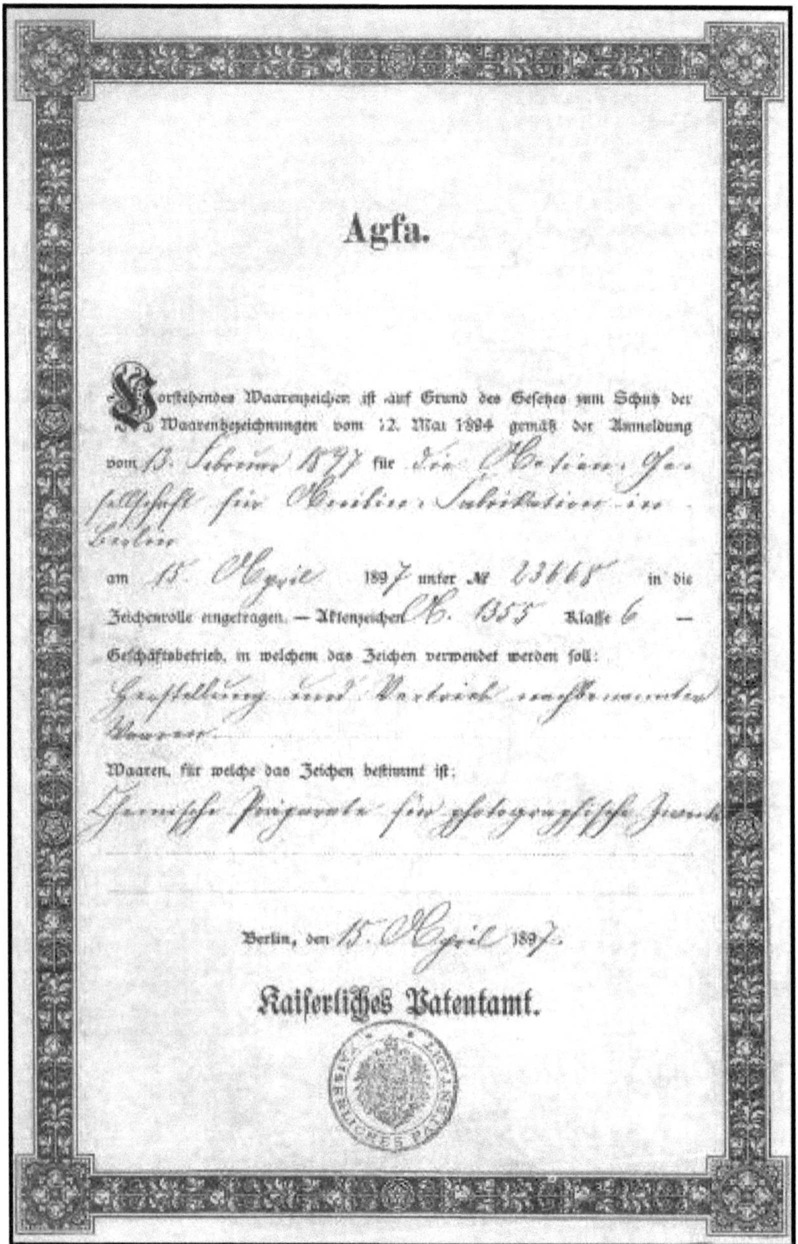

Agfa.

Vorstehendes Waarenzeichen ist auf Grund des Gesetzes zum Schutz der Waarenbezeichnungen vom 12. Mai 1894 gemäß der Anmeldung vom 13. Februar 1897 für die Actien-Gesellschaft für Anilin-Fabrikation in Berlin

am 15. April 1897 unter № 23668 in die Zeichenrolle eingetragen. — Aktenzeichen A. 1355 Klasse 6 —

Geschäftsbetrieb, in welchem das Zeichen verwendet werden soll:

Herstellung und Vertrieb nachbenannter Waaren.

Waaren, für welche das Zeichen bestimmt ist:

Chemische Präparate für photographische Zwecke.

Berlin, den 15. April 1897.

Kaiserliches Patentamt.

Abb 1.: Agfa wird Warenzeichen.

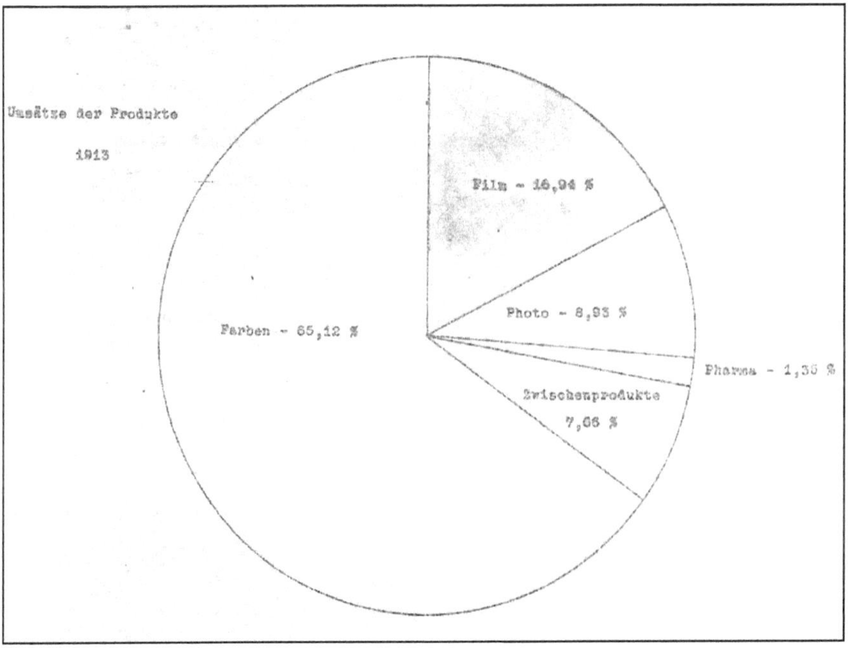

Abb. 2: Umsätze 1913.

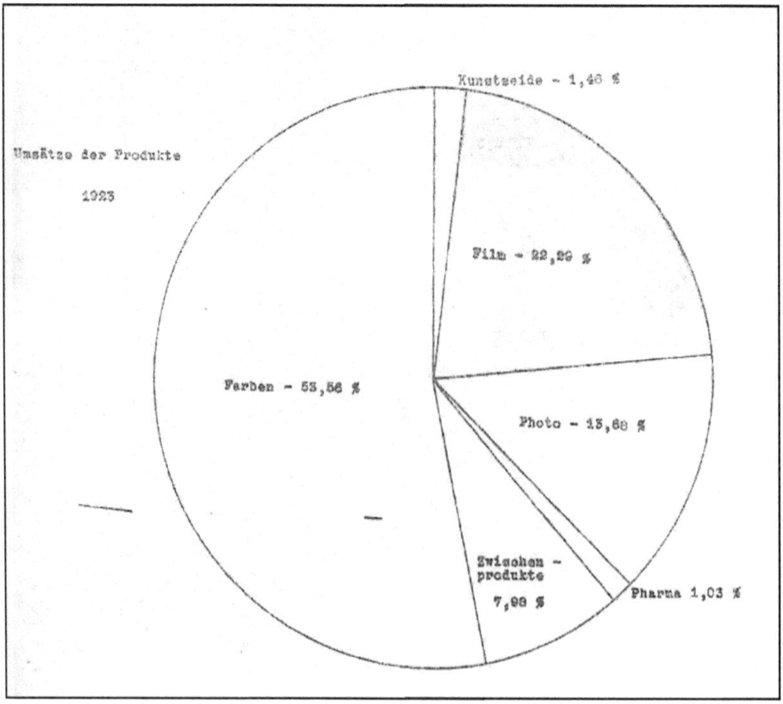

Abb 3.: Umsätze 1923.

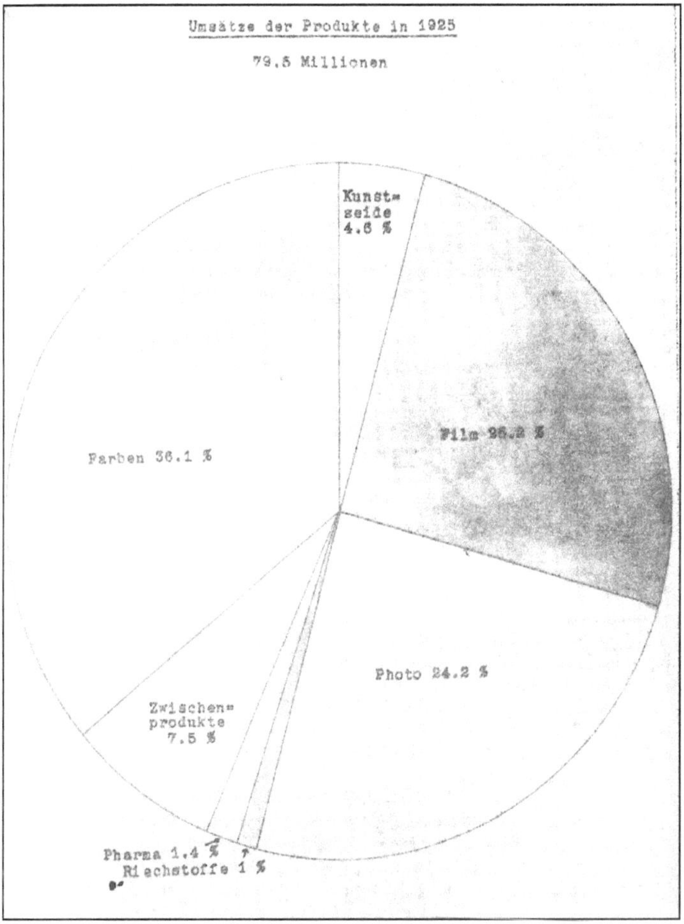

Abb. 4: Umsätze 1925.

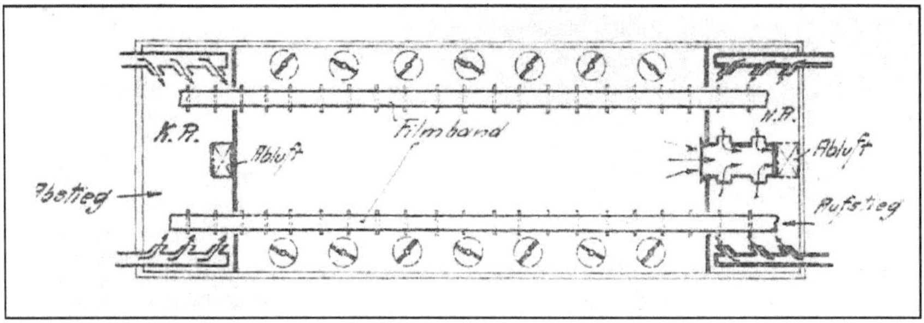

Abb. 5: Zeichnung der Hängetrockung nach einem Zeugenbericht.